Este libro pertenece a

_____

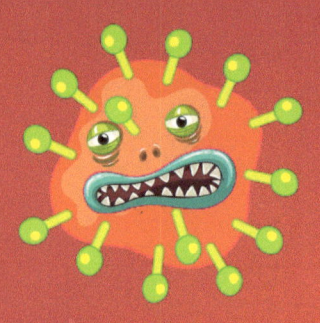

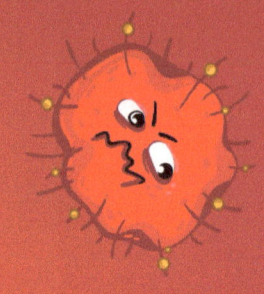

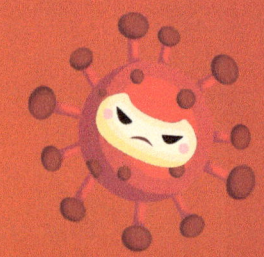

Para Zoey
Mi inspiraciónt

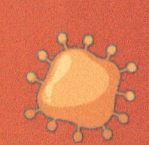

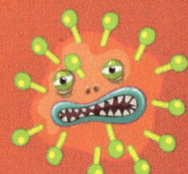

ValueReadsBooks
ISBN: 9798666828953

Copyright 2020 por Cameile Graham
Todos los derechos reservados. No se puede reproducir ninguna parte de este libro para su uso, en ningún formato, sin el permiso del autor / editor.

ISBN: 9798666828953
Impreso en los United States of America.
2020

Un libro para CONTAR y LAVARSE las manos

¡Nada de gérmenes a mí alrededor!

Autora
CAMEILE GRAHAM

Ilustrador
AIWAZ JILANI

Niños y niñas, ¿se mantienen seguros y saludables contra los gérmenes al lavarse las manos muchas veces al día?

¡Gran trabajo!

Aquí está la forma divertida en que mi papá me ayuda.

Después a lavar, de 1 a 10, todos los gérmenes se habrán ido Antes de cenar, es la forma segura y limpia de hacerlo.

www.ingramcontent.com/pod-product-compliance
Lightning Source LLC
Chambersburg PA
CBHW051835210526
45473CB00005B/1891